Zhongguo Wenhua
Zhishi Duben

中国文化知识读本

茶道

主编 金开诚

编著 于元

吉林出版集团有限责任公司

吉林文史出版社

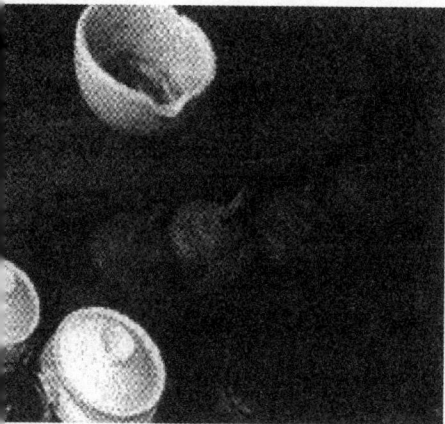

图书在版编目（CIP）数据

茶道／于元编著． —— 长春：
吉林出版集团有限责任公司：吉林文史出版社，2009.12 （2023.4重印）
（中国文化知识读本）
ISBN 978-7-5463-1683-3

Ⅰ．①茶… Ⅱ．①于… Ⅲ．①茶－文化－中国 Ⅳ．
①TS971

中国版本图书馆CIP数据核字(2009)第236903号

茶道

CHADAO

主编／金开诚　编著／于　元

项目负责／崔博华　责任编辑／曹　恒　崔博华

责任校对／王明智　装帧设计／曹　恒

出版发行／吉林出版集团有限责任公司　吉林文史出版社

地址／长春市福祉大路5788号　邮编／130000

印刷／天津市天玺印务有限公司

版次／2009年12月第1版　印次／2023年4月第6次印刷

开本／660mm×915mm　1/16

印张／8　字数／30千

书号／ISBN 978-7-5463-1683-3

定价／34.80元

前 言

　　文化是一种社会现象，是人类物质文明和精神文明有机融合的产物；同时又是一种历史现象，是社会的历史沉积。当今世界，随着经济全球化进程的加快，人们也越来越重视本民族的文化。我们只有加强对本民族文化的继承和创新，才能更好地弘扬民族精神，增强民族凝聚力。历史经验告诉我们，任何一个民族要想屹立于世界民族之林，必须具有自尊、自信、自强的民族意识。文化是维系一个民族生存和发展的强大动力。一个民族的存在依赖文化，文化的解体就是一个民族的消亡。

　　随着我国综合国力的日益强大，广大民众对重塑民族自尊心和自豪感的愿望日益迫切。作为民族大家庭中的一员，将源远流长、博大精深的中国文化继承并传播给广大群众，特别是青年一代，是我们出版人义不容辞的责任。

　　本套丛书是由吉林文史出版社和吉林出版集团有限责任公司组织国内知名专家学者编写的一套旨在传播中华五千年优秀传统文化，提高全民文化修养的大型知识读本。该书在深入挖掘和整理中华优秀传统文化成果的同时，结合社会发展，注入了时代精神。书中优美生动的文字、简明通俗的语言、图文并茂的形式，把中国文化中的物态文化、制度文化、行为文化、精神文化等知识要点全面展示给读者。点点滴滴的文化知识仿佛颗颗繁星，组成了灿烂辉煌的中国文化的天穹。

　　希望本书能为弘扬中华五千年优秀传统文化、增强各民族团结、构建社会主义和谐社会尽一份绵薄之力，也坚信我们的中华民族一定能够早日实现伟大复兴！

目录

一、茶道产生前

我国茶文化有几千年的历史

茶在植物学里属于山茶科，是一种常绿灌木，也称小乔木植物，高1至6米。

茶树性喜湿润，在我国长江以南地区大面积栽培。

茶树树叶可制成茶叶泡水饮用，有强心利尿、提神清脑等功效。

茶树种植三年后即可采叶制茶，用清明节前后采摘的四至五个叶的嫩芽制成的茶质量最好，属于茶中珍品。

我国有关茶的记载已有几千年的历史了。饮茶是中国人首创的，世界上其他地方的饮茶习惯、种茶技艺都是直接或间接从中国传过去的。

唐代陆羽在《茶经》里说："茶之为饮，发乎神农氏。"中国饮茶源于神农氏的说法还有动人的传说呢。

一说：有一天，神农氏在野外用釜煮水时，刚好有几片树叶飘进釜中，煮好的水微微发黄了。神农氏喝了这微微发黄的水后，顿感生津止渴，神清气爽。于是，神农氏便将其称为茶水，分给大家品尝，这样便有了茶。

又一说：神农氏长了个水晶肚子，人们从外面就可以看见食物在神农氏胃肠中

关于中国饮茶源于神农氏的说法，有着美丽的传说

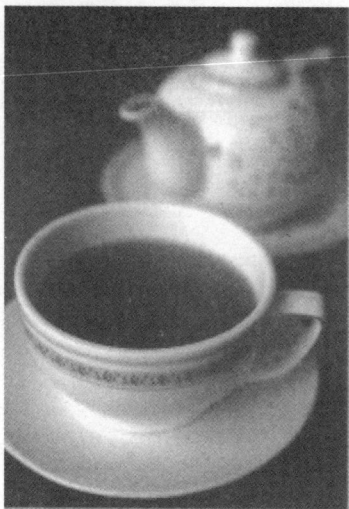

茶最初是作药用、食用和祭祀用的，后来才渐渐发展为饮品

蠕动的情形。有一天，神农氏试尝茶树叶子时，发现茶树叶子在肚子里到处流动，查来查去，把肠胃洗得干干净净。于是，神农氏便称这种植物为"查"，后来演变成"茶"字，这就是茶的起源。

据晋代常璩《华阳国志·巴志》记载，周武王伐纣后，巴国曾向周武王进贡茶。《华阳国志》中还说，那时已经有人工栽培的茶园了。

茶最初是作药用、食用和祭祀用的，后来才渐渐发展为饮品。现在的腌渍茶、打摆茶、油茶、烤茶、罐云茶等仍在沿用古习。

三国时期魏人张揖在《广雅》中记载了当时制茶与饮茶的方法：将饼茶烤炙之后捣成粉末，然后掺入葱、姜、橘子等调料放到锅里烹煮。这样煮出的茶成粥状，饮时连作料一起喝下。这种方法一直延续到唐代。

唐代茶的饮法仍是煮茶，也称烹茶、煎茶。饮用时先将饼茶放在火上烤炙，然后用茶碾将饼茶碾成细末，再用筛子筛成粉末备用。下一步是先将水煮开。水刚开时，水面出现像鱼眼一样细小的水珠，并微微有声，称为一沸，这时要在水中加一些盐调味。当锅里的水泡像涌泉和连珠时，称为二沸，这

冲泡茶是末茶的饮用方法

时要用瓢舀出一瓢开水备用。然后用竹夹子在锅中心搅拌，将茶末从锅中心倒进去。稍后，锅中的茶水会沸腾溅沫，称为三沸，这时要将刚才舀出的那瓢水再倒进锅里去，这样一锅茶汤就算煮好了。最后，将煮好的茶汤舀进碗里饮用。这是当时社会上流行的饮茶方法，也是第一种方法。

第二种方法是将饼茶舂成粉末放在茶瓶中，再用开水冲泡，而不用烹煮，这是

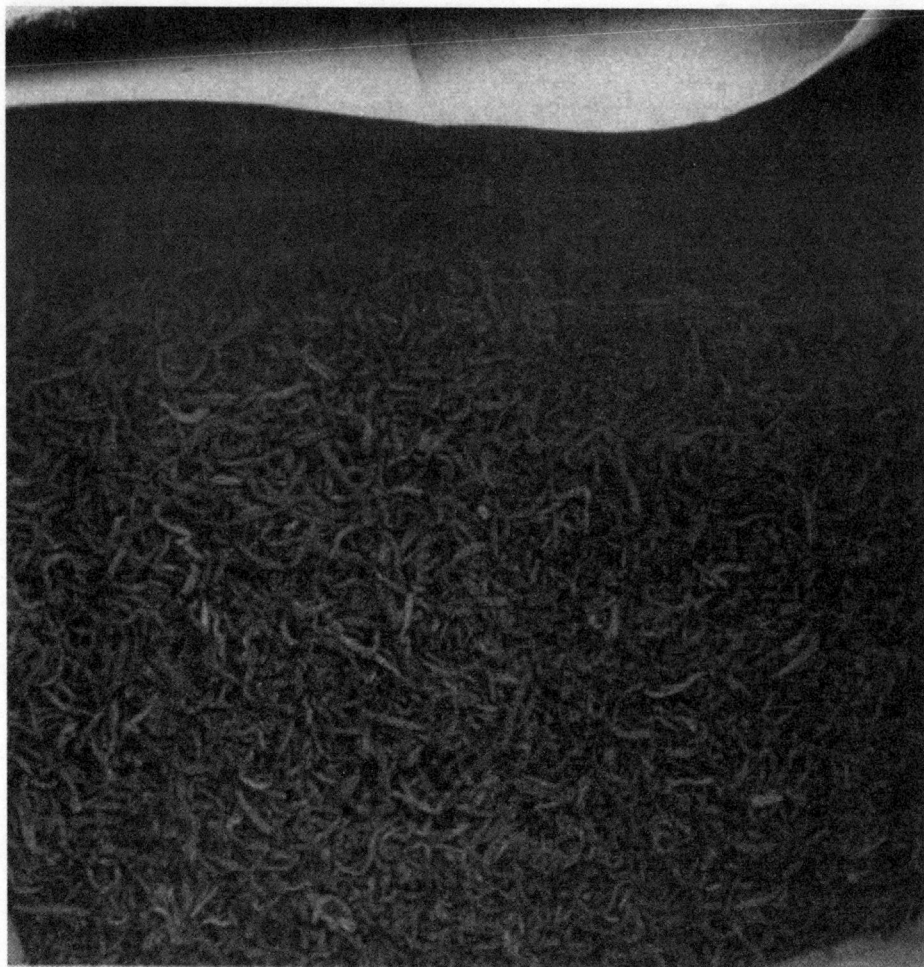

晾晒好的茶叶

末茶的饮用方法。

第三种方法是用葱、姜、枣、橘皮、茱萸、薄荷等和茶一起反复煮沸饮用，这是荆巴地区的煮茶方法，这种煮茶方法从三国到唐代数百年间一直在民间流传着。这是从古代用茶作菜羹到用茶作饮料之间的过渡形态。

宋代，茶汤中则不再加盐了。

二、茶道的起源

陆羽是中国茶道的创始人

中国茶道形成于唐代中期，陆羽是中国茶道的创始人。

陆羽所著《茶经》三卷，不仅是世界上第一部茶学著作，也是第一部茶道著作。

陆羽的《茶经》所倡导的饮茶之道包括鉴茶、选水、赏器、取火、炙茶、碾末、烧水、煎茶、酌茶、品饮等一系列程序和规则。

中国茶道即饮茶之道，也就是饮茶的艺术，说白了就是饮茶的正确方法——在饮茶的同时修身正心。

中国古代有关茶道的著作除《茶经》外，尚有宋代蔡襄的《茶录》、宋徽宗赵佶的《大

《茶道》是世界上第一部茶学著作

观茶论》、明代朱权的《茶谱》、钱椿年的《茶谱》、张源的《茶录》、许次纾的《茶疏》等。

现在广东潮汕地区、福建武夷地区的功夫茶道即源于中国古代茶道。

功夫茶道的程序如下：恭请上座、焚香静气、风和日丽、嘉叶酬宾、岩泉初沸、孟臣沐霖、乌龙入宫、悬壶

高冲、春风拂面、薰洗仙容、若琛出浴、玉壶初倾、关公巡城、韩信点兵、鉴赏三色、三龙护鼎、喜闻幽香、初品奇茗、再斟流霞、细啜甘莹、三斟石乳、领悟神韵、敬献茶点、自斟慢饮、欣赏歌舞、游龙戏水、尽杯谢茶。

中国茶道就是通过上述饮茶程序潜移默化地提高人的涵养，修炼人的身心，提升人的境界，让人渐趋达到真善美。

唐朝社会稳定，经济繁荣。文人相会时，茶宴很流行，宾主常常以茶代酒。在文明高雅的社交活动中，也常品茗赏景，各抒胸襟。寺院僧众念经坐禅时，也常以茶为饮料，用以清心养神。宫中也举行茶宴，视茶为神品。渐渐地，人们对饮茶的环境、礼节、操作方式等饮茶程序越来越讲究，形成了一些约定俗成的规矩和仪式，这便是茶道。

当然，宫廷茶宴、寺院茶宴、文人茶宴是有区别的，其茶道也各具特色，但其修身养性的作用是一致的。

南宋光宗绍熙二年（公元 1191 年），日本高僧荣西和尚访华，首次将茶树种子带回日本。从此，日本开始种植茶叶，茶树在日本南部遍地开花了。

人们在品茶享受中净化心灵，提高涵养

唐代茶具

南宋理宗开庆元年（1259年），日本崇福寺开山南浦昭明禅师来我国浙江省余杭县经山寺求学取经，学习了该寺的茶道。回国后，他将中国茶道引进日本，将一套唐朝茶具带到崇福寺，成为中国茶道在日本最早的传播者。

日本丰臣秀吉时代（1536—1598年），相当于我国明朝中后期。这期间，千利休成为日本茶道高僧，他结合日本民族的特点，在中国茶道基础上形成了具有日本特色的茶道。他提出日本茶道的四规："和、敬、清、寂。"这个基本理论是受中国茶道影响而形成的，其茶道主要程序仍是中国的。

新罗善德女王时代（公元632—646年），从唐朝传入饮茶习俗。新罗兴德王三年（公元828年），遣唐使金大廉从中国带回茶树种子，由朝廷降诏种于地理山，从而促成了韩国本土茶业的发展及饮茶之风。

公元936—1392年是高丽王朝饮茶的全盛时期，茶在贵族及僧侣生活中已不可或缺，民间饮茶风气也相当普遍。当时全国有35个茶叶产地，名茶有孺茶，滋味柔美浓稠，犹如孺子吸吮的乳汁，故称孺

日本茶道用的水罐

茶。王室在智异山花开洞（今庆尚南道河东郡）设御茶园，面积广达四五十里，称花开茶所。中国儒家的礼制思想对韩国影响很大，儒家的中庸思想被引入韩国茶道，形成"中正"的茶道精神。在茶桌上，无君臣、父子、师徒之别，茶杯总是从左向右传下去，而且要求茶水必须均匀，体现了追求中正的韩国茶道精神。

中国茶道早于日本数百年甚至上千年，最早提出了"茶道"的概念，并在该领域中不断实践，不断探索，从而取得了很大的成就。

中国茶道重精神而轻形式，不只满足于

中国最早提出了"茶道"的概念

陆羽塑像

用茶修身养性，也不苛求仪式和规范，而是更大胆地探索茶对人类健康的真谛，创造性地将茶与中药等多种天然原料有机地结合起来，使茶饮在医疗保健中发挥更大的作用，并获得更大的发展空间。这是中国茶道最具实际价值的特色，也是千百年来其一直深受人们重视和喜爱的魅力所在。

中国茶道是陆羽开创的。陆羽（公元733—804年），字鸿渐，唐朝复州竟陵（今湖北天门市）人。他精于茶道，为中国茶业和世界茶业的发展作出了卓越贡献，被誉为"茶

三眼井

仙",被尊为"茶圣",被祀为"茶神"。

唐玄宗开元二十三年（735 年），陆羽因相貌丑陋而成为弃儿，那时陆羽才 3 岁。被遗弃后，陆羽被一群大雁所围护，竟陵龙盖寺住持智积禅师将其收养。

智积禅师拾到陆羽后，心想围护他的大雁古称鸿，《易经》卦辞说："鸿渐于陆，其羽可用为仪，吉。"于是根据卦辞给他定姓为"陆"，取名为"羽"，以"鸿渐"为字。

智积禅师喜欢喝茶，陆羽从少年开始就经常为他煮茶。经过长期实践，陆羽终于煮出了好茶，以至于若茶非陆羽所煮，智积禅师是不喝的。现在，天门市仍保存有一座古

茶圣陆羽像

雁桥，即当年大雁围护陆羽的地方。镇北门有一座三眼井，曾是陆羽煮茶取水之处。

陆羽渐渐长大，性喜读书，不愿意削发为僧。

陆羽9岁时，有一天智积禅师要他抄经念佛，他问道："不孝有三，无后为大。僧人生无兄弟，死无后嗣，能算孝吗?"智积禅师闻言大怒，就用繁重的劳务惩罚他，让他打扫寺院、清理厕所、修理僧舍，还让他放牧三十头牛。陆羽并不因此屈服，求知欲望反而更加强烈。无纸学字，她就用竹竿在牛背上写字。

有一天，陆羽偶然得到张衡写的《南

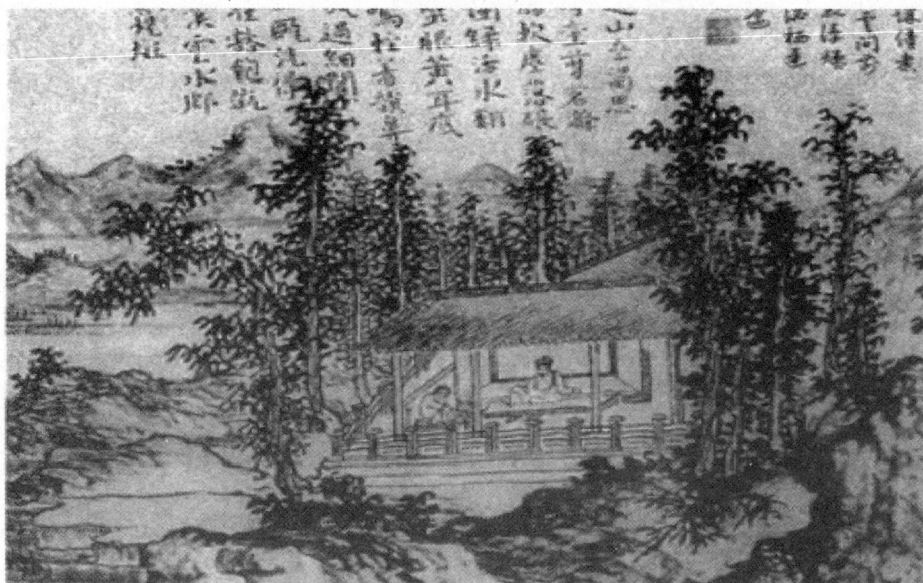

《陆羽烹茶图》

都赋》,不禁大喜若狂。他虽并不全识其字,却也展卷危坐,口中念念有词。智积禅师知道后,把他禁闭在寺中,令其在院中除草,还派年长僧人看管他。

转眼三年过去,陆羽12岁了。为了求学,他乘人不备,逃出了龙盖寺。

陆羽到了寺外,举目无亲,衣食无着,只得进了一个戏班子作优伶,学习演戏。他虽然长得其貌不扬,又有些口吃,但却幽默机智,演丑角极为成功。后来,他还编写了三卷笑话书《谑谈》。

唐玄宗天宝五年(746年),竟陵太守李齐物在一次州人聚饮中,看到了陆羽出色的表演,十分欣赏他的才华。听说他的遭遇和抱负后，李齐杨十分感动，当即赠以诗书，并修书推荐他到隐居于天门山的名儒邹夫子那里去读书。

天宝十一年（公元 752 年），礼部郎中崔国辅贬为竟陵司马，与陆羽相识。这时，陆羽已是饱学之士，诗词文章远近闻名了。崔陆二人常一起出游，品茶鉴水，谈诗论文。

在崔国辅被贬的前一年，杜甫为了报国，曾献《三大礼赋》给唐玄宗。唐玄宗深奇其才，要面试杜甫，命崔国辅为试官。由此可见崔国辅学问出众，非同一般。崔国辅尤以古诗见长，《河岳英灵集》说崔国辅的诗"古人不及也"。崔国辅肯与陆

崔、陆二人品茶鉴水，谈诗论文

羽相交为友，可见陆羽是多么有学问了。

陆羽不但有学问，文章写得也好，而且爱茶如命，遇事好钻研。

天宝十五年（公元 756 年），陆羽为了考察茶事，决定出游巴蜀。行前，崔国辅以白驴、乌牛及书函相赠，陆羽感激不尽，挥泪作别。

一路上，陆羽逢山使驻马采茶，遇泉便下鞍品水，口不停访，笔不辍录，收获甚丰，锦囊皆满。

唐肃宗乾元元年（公元 758 年），陆羽来到升州（今江苏南京），寄居栖霞寺，继续钻研茶事。次年，旅居丹阳。

唐肃宗上元元年（公元 760 年），陆羽迁到浙江吴兴苕溪，隐居山间，闭门专心撰写《茶经》。

《茶经》问世后，广为流传，人见人爱。

陆羽在崔国辅被贬到竟陵前就已成名，李齐物回京后，曾举荐陆羽为"太子文学"官，唐代宗特地降诏拜官，陆羽不肯就职。后来，朝廷又拜陆羽为太常寺大祝，陆羽仍未就职。

陆羽一生鄙夷权贵，不重名利，酷爱自然和文史，坚持道德和正义。《全唐诗》

陆羽曾寄居南京栖霞寺钻研茶事

《茶经》

有他作的一首歌，体现了他的品质："不羡黄金罍，不羡白玉杯；不羡朝入省，不羡暮入台；千羡万羡西江水，曾向竟陵城下来。"歌下还附记有陆羽的另一首诗："月色寒潮入剡溪，青猿叫断绿林西。昔人已逐东流去，空见年年江草齐。"

陆羽的《茶经》是唐代和唐以前有关茶叶知识和实践经验的系统总结，其中还包括陆羽在亲身实践中取得的有关茶叶生产和制作的第一手资料。此书问世后，人人珍爱，无不盛赞陆羽在茶业研制方面的开创之功。

陆羽不但是一位茶叶专家，还是著名的诗人、音韵学家、文字学家、书法家、演员、剧作家、史学家、传记作家、旅游家和地理学家。

陆羽著作有《江表四姓谱》《南北人物志》《吴兴历官志》《吴兴刺史记》《吴兴记》《吴兴图经》《慧山记》《虎丘山记》《灵隐天竺二寺记》《武林山记》《家书》等多种。

陆羽生前每到一处，每离一地，都受到群众和友人的隆重迎送。社会上对陆羽有这样的礼遇，不只是因为他在茶学上的贡献，还因为他在文史方面的成就和地位。陆羽若无文才，是写不出《茶经》这样辉煌的著作的。

三、中国茶道史

茶碗和茶盅

茶道是以修行为宗旨的饮茶艺术，是饮茶之道和饮茶修道的统一。茶道包括茶艺、茶礼、茶境、修道四大要素。茶艺是指准备茶具、选择用水、取火候汤、习茶品茶的一套技艺，茶礼指茶事活动中的礼仪规矩，茶境指茶事活动的场所环境，修道指通过茶事活动来怡情修性。

古时，茶道中所修之道可以为儒家之道，可以为道家之道，也可以为佛教之道，因人而异。一般来说，茶道中所修之道为综合三家之道。

中国古代饮茶法有煎、点、泡三类，中国茶道先后产生了煎茶道、点茶道、泡茶道三种形式。

茶艺是茶道的基础，茶道的形成必然是在饮茶普及，茶艺完善之后。唐代以前虽有饮茶之风，但不普遍。东晋虽有茶艺的雏形，但还远未完善。南朝到盛唐是中国茶道的酝酿期。

中唐以后，中国人饮茶已成风气。唐肃宗、代宗时期，陆羽著《茶经》，奠定了中国茶道的基础，又经皎然、常伯熊等人的实践、润色和完善，形成了煎茶道。北宋时期，蔡襄著《茶录》，宋徽宗赵佶著《大观茶论》，从而形成了点茶道；明代中期，张源著《茶录》，许次纾著《茶疏》，泡茶道因而诞生。

茶道讲究茶境

（一）唐宋煎茶道

陆羽《茶经》问世后，中国茶道诞生了。其后，斐汶撰《茶述》，张又新撰《煎茶水记》，温庭筠撰《采茶录》，皎然、卢仝作茶歌，推波助澜，使中国煎茶道日益成熟。

1. 煎茶道茶艺

煎茶道茶艺有备器、选水、取火、候汤、习茶五大环节。

（1）备器

《茶经》中列举了二十四种茶器，其中有风炉、炭挝、火、漉水囊、瓢、碗、盂、畚、巾等。

（2）选水

《茶经》中说，饮茶之水"山水为上，江水为中，井水为下"。其中山水要拣乳泉，江水要取距人远者，井水要取汲水多者。陆羽晚年撰《水品》，将天下之水分为二十个等级。讲究水品是中国茶道的特点。

（3）取火

《茶经》说茶道之火要用炭，其次用薪柴。炭不能用经过燔炙或沾过膻腻之物的，薪柴不能用槁木和败器。温庭筠《采茶录》中说，

讲究水品是中国茶道的特点

茶须用缓火炙，用活火煎。活火谓炭之有火焰者，性能养茶。

（4）候汤

《茶经》说茶汤其沸如鱼目，微微有声为一沸；边缘如涌泉如连珠为二沸；腾波鼓浪为三沸，这时饮用正好。三沸一过，汤水便老而不可饮了。候汤是煎茶的关键。

（5）习茶

习茶包括藏茶、炙茶、碾茶、罗茶、煎茶、酌茶、品茶等。

2. 茶礼

《茶经》规定一次煎茶少则三碗，多不过五碗。客人五位，则行三碗茶；客人七位，则行五碗茶。所缺两碗以最先舀出

候汤是煎茶的关键

的来补。若客人四位，则行三碗茶；若客人六位，则行五碗茶，所缺一碗以最先舀出的来补。若八人以上则两炉、三炉同时煮，再以人数多少来确定碗数。

3. 茶境

《茶经》说饮茶活动可在松间石上，泉畔涧边，甚至在山洞中。或莺飞花拂，清风丽日，环境优美；或一树蝉声，翠竹摇曳，树影横斜，环境清雅。

若在室内饮茶，则四壁要悬挂画有《茶经》内容的挂轴，也可选道观僧寮、书院会馆、厅堂书斋。

4. 修道

《茶经》说茶最宜饮用，若热渴凝闷、

陆羽茶社

饮茶能使人冷静、强健

脑疼目涩、四肢烦悆、百节不舒，聊饮四五口，可与醍醐甘露相比。饮茶能使人冷静，使人强健。

《茶经》说风炉的设计应用了儒家《易经》的八卦和阴阳家的五行思想。风炉上铸有"坎上巽下离于中"和"体均五行去百疾"的字样，风炉的设计为方耳宽边，反映了儒家的中正思想。

《茶经》不仅阐发了饮茶的养生功用，还将饮茶提升到精神文化层次，旨在培养"俭德中正"的思想。

诗僧皎然，年长于陆羽，与陆羽结成忘年交。皎然精于茶道，认为饮茶不仅能

涤昏、清神，更是修道的门径，有助于人的修养。

卢仝《走笔谢孟谏议寄新茶》诗中写道："一碗喉吻润，两碗破孤闷。三碗搜枯肠，唯有文字五千卷。四碗发清汗，平生不平事，尽向毛孔散。五碗肌骨清，六碗通仙灵。七碗吃不得也，唯觉两腋习习清风生。""文字五千卷"指老子五千言，也就是《道德经》。这是说喝了三碗茶，心中唯存道德了；四碗茶，是非恩怨烟消云散；五碗肌骨清；六碗通仙灵；；七碗羽化登仙。这首诗流传千古，卢仝也因此与陆羽齐名。

在这些有识之士的倡导下，饮茶从日常物质生活提升到精神文化层次了。

综上所述，中唐时期煎茶茶艺已经完备，以茶修道思想终于确立，开始注重饮茶环境，具备初步的饮茶礼仪，这标志着中国茶道的正式形成。

陆羽不仅是煎茶道的创始人，也是中国茶道的奠基人。

煎茶道是中国最先形成的茶道形式，鼎盛于中唐、晚唐，经五代、北宋，至南宋而亡，历时约五百年。

中唐时期煎茶茶艺已经完备

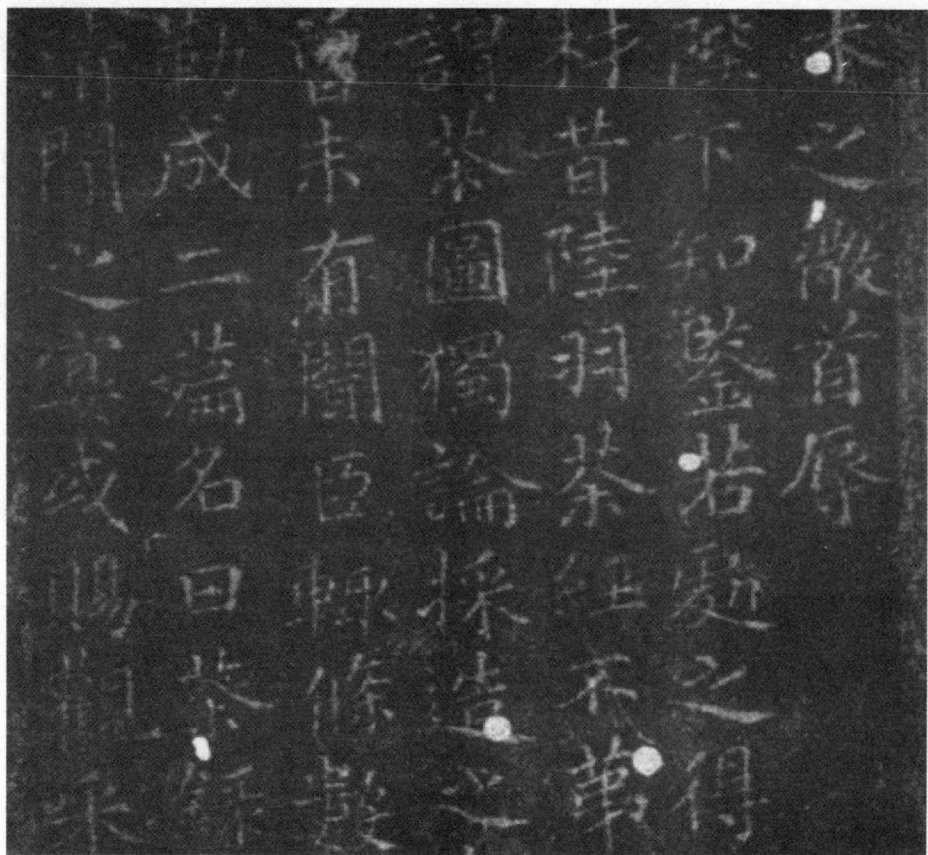

蔡襄《茶录》

（二）宋明点茶道

点茶法约始于唐末，从五代到北宋，越来越盛行。

11世纪中叶，蔡襄著《茶录》二篇，上篇论茶，包括色、香、味、藏茶、炙茶、碾茶、罗茶、候汤、熁盏、点茶；下篇论茶器、茶焙、茶笼、砧椎、茶钤、茶碾、茶罗、茶盏、茶匙、汤瓶。蔡襄是北宋著名的书法家，其所著的《茶录》奠定了点茶茶艺的基础。

12 世纪初, 宋徽宗赵佶著《大观茶论》二十篇：地产、天时、采择、蒸压、制造、鉴辨、白茶、罗碾、盏、筅、缾、杓、水、点、味、香、色、藏焙、品茗、包焙。赵佶精于茶道, 对点茶道的最终形成作出了贡献。

点茶道酝酿于唐末五代, 至北宋后期成熟。

1. 点茶道茶艺

点茶道茶艺包括备器、选水、取火、候汤、习茶五大环节。

（1）备器

《茶录》《茶论》《茶谱》等书对点茶用器都有记录, 归纳起来点茶道的主要茶器有茶炉、汤瓶、砧椎、茶钤、茶碾、茶磨、茶罗、茶匙、茶筅、茶盏等。

（2）选水

宋代选水继承唐人观点, 认为山水为上, 江水为中, 井水为下。但《大观茶论》认为江河之水有鱼鳖之腥气、泥泞之污秽。宋徽宗主张水以清轻甘活为好, 可取山水、井水, 反对用江河之水。

（3）取火

宋代取火基本同唐人。

茶艺备器

观泉品茗

（4）候汤

蔡襄《茶录》说候汤最难，未熟则沫浮，过熟则茶沉。《大观茶论》说水过老则以少许新水投入，顷刻可用。

（5）习茶

点茶道习茶程序主要有：藏茶、洗茶、炙茶、碾茶、磨茶、罗茶、熁盏、点茶（调膏、击拂）、品茶等。

2. 茶礼

朱权《茶谱》说童子献茶于前，主人起立，接瓯举奉客人说："请君泻清臆。"客人起立接瓯，举瓯说："非此不足以破孤闷。"复坐而饮。饮毕，童子接瓯而退。主客话久情长，如此再三。点茶道注重主人、客人间的端、接、举、饮、叙礼节，颇为严肃。

3. 茶境

点茶道对饮茶环境的选择与煎茶道相同，要求自然幽静：或会于泉石之间，或处于松竹之下，或对皓月清风，或坐明窗静牖。

4. 修道

点茶道反映出儒、道两家待人接物、为人处世之理。高者抑之，下者扬之。虚己待物，不饰外貌。听茶汤沸腾之声，养自己浩然之气；观摩炉中之火，加强自己内炼之功。

在饮茶中受到启发，有裨于修养之道。

点茶道注重在茶水、茶火、茶具中产生联想，在物质享受的同时提高精神境界。

宋代时点茶道成为时尚，点茶的具体做法是先将茶叶末放在茶碗里，注入少量沸水，调成糊状，然后再注入沸水，或直接向茶碗中注入沸水，同时用茶筅搅动，茶末上浮，形成粥面。这一步骤称为调膏。

点茶时通常用执壶往茶盏中点水，点水时要有节制，落水点要准，不能破坏茶面。与此同时，另

精美的茶具

一只手用茶筅旋转打击和拂动茶盏中的茶汤，使之泛起汤花（泡沫），称为运筅或击拂，注水和击拂要同时进行。

要创造出点茶的最佳效果，一要注意调膏，二要有节奏地注水，三是茶筅击拂时要视具体情况而有轻重缓急之分。只有做到这三点，才能点出最佳效果的茶汤来。高明的点茶能手被称为"三昧手"。

苏东坡《送南屏谦师》有"道人晓出南屏山，来试点茶三昧手"之句。其中的三昧手即指此点茶高手。

点茶道盛行于北宋后期至明代前期，历时约六百年。

（三）明清泡茶道

泡茶法始于中唐，南宋末年至明代初年，泡茶多用末茶。明初以后，泡茶开始用叶茶，流传至今。

16世纪末，相当于明代后期，张源著《茶录》，其书有藏茶、火候、汤辨、泡法、投茶、饮茶、品泉、贮水、茶具、茶道等篇；许次纾著《茶疏》，其书有择水、贮水、舀水、煮水器、火候、烹点、汤候、瓯注、荡涤、饮啜、论客、茶所、洗茶、饮时、宜辍、不

茶园茶树

明初以后，泡茶开始用叶茶
一杯香茗坐其间

宜用、不宜近、良友、出游、权宜、宜节等篇。《茶录》和《茶疏》两部名作共同奠定了泡茶道的基础。

17世纪初，程用宾撰《茶录》，罗廪撰《茶解》。

17世纪中期，冯可宾撰《岕茶笺》。

17世纪后期，清代冒襄撰《岕茶汇钞》。

这四部茶书进一步补充、发展、完善了泡茶道。

1. 泡茶道茶艺

泡茶道茶艺包括备器、选水、取火、候汤、

习茶五大环节。

（1）备器

泡茶道茶艺的主要器具有茶炉、汤壶（茶铫）、茶壶、茶盏（杯）等。

（2）选水

明清茶人对水的讲究比唐宋有过之而无不及。明代，田艺衡撰《煮泉小品》，徐献忠撰《水品》，专书论水。明清茶书中，也多有择水、贮水、品泉、养水等内容。

（3）取火

张源《茶录》说烹茶要旨以火候为先，炉火通红时才能用茶瓢上水。扇风时要轻而疾，这样才能掌握好文武火候。

泡茶茶具

茶艺

（4）候汤

《茶录》说汤水沸腾如涌波鼓浪，水气全消，方为纯熟；有声时称为萌汤，直至无声方是纯熟；水气冒出一缕、二缕、三缕、四缕，或缕乱不分，氤氲乱绕时称为萌汤，直至气直上冲方为纯熟。

（5）习茶

①壶泡法

据《茶录》《茶疏》《茶解》等书，壶泡法的一般程序有：藏茶、洗茶、浴壶、泡茶（投茶、注汤）、涤盏、酾茶、品茶。

②撮泡法

据陈师《茶考》记载，用细茗置茶瓯，

以沸汤点之，名为撮泡。撮泡法简便，主要有涤盏、投茶、注汤、品茶。

③功夫茶

功夫茶形成于清代，流行于广东、福建和台湾地区，是用小茶壶泡青茶（乌龙茶），主要程序有浴壶、投茶、出浴、淋壶、烫杯、酾茶、品茶等。

2. 茶礼

泡茶道注重自然，不拘礼法。

3. 茶境

饮茶环境要静、洁、雅，最好回归大自然。

明清茶人品茗修道环境极为讲究，设

茶室环境要静、雅、洁

茶室内景

计了专门供茶道用的茶室——茶寮，使茶事活动有了固定的场所。茶寮的发明、设计，是明清茶人对茶道的一大贡献。

4. 修道

明清茶人继承了唐宋茶人的饮茶修道思想，创新不多。

综上所述，泡茶道酝酿于元代至明代前期，正式形成于公元16世纪末叶的明代后期，盛行于明代后期至清代前中期，并绵延至今。

中国先后产生了煎茶道、点茶道、泡茶道。煎茶道、点茶道在中国本土早已消亡，唯有泡茶道尚存。

中国的煎茶道、点茶道、泡茶道先后传入日本，经日本茶人发扬光大，形成了日本的"抹茶道"和"煎茶道"。

四、古代茶道种种

唐代宫廷茶道的茶具

（一）宫廷茶道

宫廷茶道的饮茶人为皇帝和大臣。

商代末年，周武王联合住在川、陕一带的方国共同伐纣，灭了商朝。

周武王凯旋后，巴蜀之地所产的茶叶便正式列为朝廷贡品了。

贡茶之风从周代一直延续到清代。为了贡茶，千百年来男废耕，女废织，夜不得安，昼不得息。

唐朝宰相李德裕爱用惠泉水煎茶，便令人用坛子封装，从无锡千里迢迢送到长安，奔波跋涉，劳民伤财。

北京玉泉山

乾隆皇帝亲自参与"孰是天下第一泉"的争论，最后钦定北京玉泉水为天下第一泉。为求"真水"，乾隆皇帝不知耗费多少民脂民膏。

但是，茶叶自列为贡品后，客观上抬高了茶叶的身价，推动了茶叶生产的发展，刺激了茶叶的科学研究，久而久之，在中国形成了一大批名茶。

古代中国社会是皇权社会，皇家的好恶最能影响到社会的风气和民间的习俗。贡茶制度确立了茶叶的"国饮地位"，也确立了中国为世界产茶大国、饮茶大国的地位，还确立了中国茶道的地位。

青花瓷茶具

在宫廷茶道里，一切都精益求精。

宫廷茶道有深刻的文化背景，成为茶道的重要流派，茶道应有的一切程序都得以确立。

清末，宫廷茶道走出宫门，在较为广泛的上层社会流传开来。一些富商大贾、豪门乡绅之流趋之若鹜，为了标榜斯文，也爱上了茶道。他们很少讲究诗词歌赋、琴棋书画，只求贵，要有地位；只求富，要有万贯家私。他们在茶艺上要求"精茶、真水、活火、妙器"，一切必求高品位，用金钱夸示富贵。为求活火，要制好炭；为求妙器，要制精品。为求好炭妙器，不惜一掷千金；即使万金难求，也要挥金如土。

宫廷茶道的流传越来越广，随着社会的发展，终于大众化了。

宫廷茶道是现代武夷山工夫茶道的源头。通过武夷山工夫茶道，我们得以再睹当年宫廷茶道的庐山真面目。

（二）文人茶道

文人茶道的饮茶人主要是古代的知识分子，也包括有学问的名门闺秀、青楼歌伎、艺坛伶人等。对于饮茶，他们不图止渴、

老茶馆

消食、提神，而是要用茶引人步入超凡脱俗的精神境界，是想于闲情雅致的品茗中悟出点什么。正所谓醉翁之意不在酒，在乎山水之间；茶人之意不在茶，在乎人生哲理中。

唐代以后，知识分子一改"狂放啸傲、栖隐山林、向道慕仙"的文人作风，开始"人人有报国之心，时时存入世之想"了。他们希望报效国家，一展所学，留名千古。

文人变得冷静务实后，以茶代酒蔚然成风，这就使他们成了茶道的主角。

文人在品茗的同时，也以茶助诗兴，以茶会知音。如元代贤相耶律楚材在《西域从王君玉乞茶因其韵》中说："啜罢江南一碗茶，

茶艺逐渐成为一种文化，为文人所喜爱

枯肠历历走雷车。黄金小碾飞琼雪，碧玉深瓯点雪花。笔林兵阵诗思奔，睡魔卷甲梦魂赊。精神爽逸无余事，卧看残阳补断霞。"

久之，在文人的影响下，茶艺逐渐成为一门艺术，一种文化了。文人又将茶艺文化与修养、教化、正心紧密结合起来，从而形成了文人茶道。

上述的煎茶道、点茶道、泡茶道均为文人茶道。

（三）寺院茶道

佛教的发源地是印度，而茶道的发源

茶道与寺院有着深厚的渊源

古代茶道种种

地是中国。当佛教传入中国后，寺院中还未有饮茶之风。后来，寺院茶道大兴，源于僧人坐禅。

僧人坐禅时晚上不许吃斋，又需要清醒的头脑集中思考禅机，饮茶对他们来说是最重要的了。

僧人饮茶既可提神，又可领悟佛性。茶的苦涩让人谨守俭德，不去贪图享乐；茶道的普通让人的精神与大自然融为一体；茶的清香让人犹如饮了大自然的精华，油然生出一幕幕佛国美景。这就是人们常说的"茶禅一味"。

寺院茶道也称寺院茶礼，有一套极严格的程序。

成都大慈寺祖师亭的石碑是韩国禅茶协会捐赠的

　　寺院专设茶堂、茶寮作为以茶待宾之所，还配备茶头、施茶僧等负责其事。

　　名山多出名茶，而名刹多位于名山，也多在深山云雾之中。那里既有野生茶树，也宜于种植普通茶树，如武夷岩茶就极负盛名，许多寺院都自种自饮，还用以招待香客。

　　庐山东林寺名僧慧远曾以自种之茶招待陶渊明，与之吟诗谈经，终日不倦。

　　唐代，日本僧人把茶树种子带回日本，让茶树在日本生根开花。中国禅宗茶道也被带到日本，成为日本茶道的最初形式。后来，中国茶道又被僧人传到东南亚各国

以及欧州各国。

寺院茶道在中国茶道文化传播过程中起着不可估量的作用。

(四) 太极茶道

太极茶道是古代大众茶道，浓缩了茶道精华，弘扬了中华民族真善美的本色，体现出茶性最美的一面。

太极茶道

乾隆三十年（1765 年），江南郑家后生郑祥栋来到上海苏州河边一家小茶馆当学徒。他为人诚实、勤劳、厚道，冲茶讲究水质，泡茶得法，颇得老板和邻里的称赞。

有一天，老板遗失巨额当票，郑祥栋拾金不昧。老板深受感动，当即承诺日后将茶馆赠与他。

二十年后，正值乾隆五十年(1785 年)，老板到别处开大茶馆，将小茶馆送给郑祥栋。

郑祥栋接管茶馆后，挂上"太极"字号，创立了太极茶道。

太极茶道茶具有：

1. 炭炉一个。

2. 陶制水壶一把。

竹节六棱八卦紫砂壶

3. 茶桌一张，如根雕带茶盘者，盘中刻太极八卦图。

4. 茶杯八个，杯底分别有乾、坤、艮、巽、坎、离、震、兑八卦之象。

5. 茶洗一个。

6. 有持手的泡壶一把。

7. 青铜香炉一个。

8. 香三支。

9. 古琴一把。

10. 线装《周易》一套。

11. 铁观音茶叶三钱至五钱。

12. 太极八卦紫砂壶，壶盖制成太极图形；太极八卦茶盘，八角形，每边刻一卦象，中央放壶之处刻成太极图形。

13. 太极八卦图一幅。

14. 弹奏古曲《高山流水》。

太极茶道程序：

1. 无极初始——焚香入定。

2. 两仪开天——煮水、候汤。

3. 三才成列——烫壶（壶为天）、洗

铁观音茶

黄龙玉八卦茶壶

铸铁八卦茶壶

紫砂茶壶

杯（杯为地）、赏茶（茶为人）。

4. 四象乃成——投茶、冲水（茶、水、气、香）。

5. 五行化生——洗茶。

6. 六合同春——泡茶。

7. 七星高照——分茶。

8. 八卦呈祥——敬茶。

9. 九九归一——闻香、观色、品茶、回味。

10. 十方统和——看卦、解卦、谢茶。

太极茶道认为中国茶道历史久远，因为茶叶种类繁多，水质各有差异，冲泡技

龙井茶和菜点

术不同，所以泡出的茶汤会有不同的效果。要想泡好茶，既要根据实际需要了解各类茶叶、各种水质的特性，掌握好泡茶用水与器具，又要讲究有序而优雅的冲泡方法与动作，还要求在讲究"色香味形"的同时，具备阴阳和谐之美。

泡茶首先要选茶和鉴茶，只有正确选茶和鉴茶，才能决定冲泡的方法。茶的种类很多，根据采摘时间的先后分为春茶、夏茶、秋茶，也可以按种植的地理位置不同分为高山茶和平地茶，还可以根据茶色（加工方法不同）将茶分为绿茶、红茶、青茶（乌龙茶）、白茶、黄茶、黑茶六大类。

绿茶是我国产量最多的一类茶叶，有绿叶清汤的品质特征。嫩度好的新茶色泽绿润，芽峰显露，汤色明亮，代表品种有"龙井""碧螺春"等。

红茶为红叶红汤，是经过发酵形成的品质特征。干红茶色泽乌润，滋味醇和甘浓，汤色红亮鲜明。红茶以"祁红""宁红"和"滇红"最有代表性。

乌龙茶属于半发酵茶，色泽青褐如铁，故又名青茶。典型的乌龙茶叶体中间呈绿色，边缘呈红色，素有"绿叶红镶边"之美誉。其汤色清澈金黄，有天然花香，滋味浓醇鲜爽。乌龙茶以"铁观音""大红袍""冻顶乌龙"最具代表性。

白茶由芽叶上面白色茸毛较多的茶叶制成。白茶满身白毫，形态自然，汤色黄亮明净，滋味鲜醇。白茶的代表品种有"毫银针""寿眉""白牡丹"等。

黄茶黄叶黄汤，香气清锐，滋味醇厚。其叶茸毛披身，金黄明亮，汤色杏黄明澈。黄茶代表品种有"君山银针""蒙顶黄芽""霍山大黄茶"等。

黑茶叶色油黑凝重，汤色橙黄，叶底黄褐，香味醇厚。

红茶

除上述六大类茶叶以外，还有再加工茶，即在以上六大类茶的基础上经过再次加工制成的茶叶品种，如花茶、紧压茶等。花茶以绿茶、烘青茶、红茶等做主要原料，和花拼和窨制，使茶叶吸收花香，故名花茶，如"茉莉花茶""玫瑰红茶"等。紧压茶以黑茶、红茶为原料，经蒸压工序做成一定形状，如"青砖""康砖""六堡茶""沱茶""米砖"等。

其次是水质。鱼得水活跃，茶得水才有香、色、味。水是茶的载体，饮茶时快感的产生、无穷的回味都要通过水来实现。水质欠佳，茶叶中的各种营养成分会受到污染，以致闻不到茶的清香，尝不到茶的甘醇，看不到茶的晶莹。择水先得选择水源，水有泉水、溪水、江水、湖水、井水、雨水、雪水之分，但只有符合"活、甘、清、轻"四个标准的水才算得上是好水。"活"指有源头而常流动的水；"甘"指水略有甘味；"清"指水质洁净透彻；"轻"指分量轻。水源中以泉水为佳，因为泉水大多出自岩石重叠的山峦，污染少；山上植被茂盛，从山岩断层涓涓流出的泉水富含各种对人体有益的微量元素，经过沙石过滤，清澈晶莹，茶的色、香、味可以得到最大的发挥。太极茶道根据

泉水富含各种微量元素，是泡茶的上好水源

泡茶要掌握好茶叶用量

经验证明用雨水泡茶活性最佳，渗透性最好，可以发挥茶性，能做到色香味形俱美。因此，太极茶道称雨水为天泉水。历代郑家茶人都用天泉水泡茶，从而赢得了宾客、茶友的持久赞誉。

太极茶道认为泡茶包括三个要素，即茶用量、泡茶水温、冲泡时间。

要泡好茶，还要掌握好茶叶用量，以及茶与水的比例。茶多水少则味浓，茶少水多则味淡。用茶量的多少因人而异，因地而异。饮茶者是茶人或劳动者，可适当加大茶量，泡上一杯浓香的茶汤；如是脑力劳动者或初学饮茶、无嗜茶习惯的人，可适当少放一些茶，泡上一杯清香醇和的茶汤。茶类不同，用量也不同，倘用乌龙茶，茶叶用量要比一般红、绿茶增加一倍以上，而水的冲泡量则要减少一半。

水的温度不同，茶的色、香、味也不同，泡出的茶汤中所含的成分也不同。温度过高，会破坏茶叶中所含的营养成分，茶所具有的有益物质会遭到破坏，茶汤的颜色不鲜明，味道也不醇厚；温度过低，不能使茶叶中的有效成分充分浸出，称为不完全茶汤，其滋味淡薄，色泽不美。泡茶前烧水时要武火急沸，不要文火慢煮，以刚煮沸起泡为宜。用这样的水泡茶，茶汤、香味皆佳。沸腾过久，茶的鲜爽味便大为逊色；未沸滚的水水温低，

泡茶的水温要适宜

茶中有效成分不易泡出，香味轻淡。泡茶水温的高低与茶叶种类及制茶原料密切相关，用粗老原料加工而成的茶叶宜用沸水直接冲泡，用细嫩原料加工而成的茶叶宜用降温以后的沸水冲泡。高档细嫩的名茶一般不用刚烧沸的开水，而是用温度降至80度的开水冲泡，这样可使茶汤清澈明亮，香气纯而不钝，滋味鲜而不熟，叶底明而不暗，饮之可口，茶中有益于人体的营养成分也不会遭到破坏。乌龙茶要将茶具烫热后再泡；砖茶用100度的沸水冲泡还嫌不够，还要煎煮方能饮用。泡茶水温与茶叶有效物质在水中的溶解度成正比，水温愈高，溶解度愈大，茶汤也就愈浓；相反，水温愈低，溶解度愈小，茶汤就愈淡。古

对于不同的茶叶，泡茶的水温有差异

茶叶冲泡时间的长短因茶而异

往今来，人们都知道用未沸的水泡茶是不行的，但若用多次回烧以及加热时间过久的开水泡茶会使茶叶产生"熟汤味"，致使口感变差，那是因为水蒸气大量蒸发后的水含有较多的盐类及其他物质，致使茶汤变灰变暗，茶味变得又苦又涩。

茶叶冲泡时间的长短对茶叶有效成分的利用也有很大关系，一般红、绿茶冲泡三至四分钟后饮用味感最佳；时间短则缺少茶汤应有的刺激味；时间长喝起来鲜爽味减弱，苦涩味增加；只有茶叶中的有效物质被沸水泡出来后，茶汤喝起来才有鲜爽醇和之感。细嫩茶叶比粗老茶叶冲泡时间要短些，反之则要长些；松散的茶叶、粉碎的茶叶比紧压的茶叶、完整的茶叶冲泡时间要短些，反之则要长些。对于注重香气的茶叶如乌龙茶、花茶，其冲泡时间不宜太长；而白茶加工时未经揉捻，细胞未遭破坏，茶汁较难浸出，因此冲泡时间相对要长些。通常茶叶冲泡一次，可溶性物质能浸出55%左右，第二次为30%，第三次为10%，第四次只有1%—3%。茶叶中的营养成分，第一次冲泡时80%左右被浸出，第二次95%被浸出，第三次就所剩无几了。头泡茶味香鲜醇，二泡茶浓而不鲜，

品茗是一种艺术享受

三泡茶香尽味淡，四泡茶少滋缺味，五泡
六泡则近于白开水了。因此说，茶叶还是
以冲泡两三次为好，乌龙茶则可泡五次，
白茶只能泡两次。其实，任何品种的茶叶
都不宜浸泡过久或冲泡次数过多，最好是
即泡即饮，否则有益成分就会被氧化，不
但降低了茶叶的营养价值，还会泡出有害
物质。此外泡茶也不可太浓，浓茶有损胃
气。

　　各类茶叶或重色，或重香，或重味，
或重形，泡茶就要有不同的侧重点，以发
挥茶的特性。各种名茶本身就是一种特殊
的工艺品，色、香、味、形各有千秋，细
细品味是一种艺术享受。要真正品出各种

鉴赏名茶时，冲泡后应先观色、后闻香尝味等

茶的味道来，就要遵循茶艺的程序，净具、置茶、冲泡、敬茶、赏茶、续水这些步骤都是不可少的。置茶应当用茶匙；冲泡水以七分满为好；水壶下倾上提三次为宜，一是表敬意，二是可使茶水上下翻动，浓度均匀，俗称"凤凰三点头"；敬茶时应避免手指接触杯口。鉴赏名贵茶叶时，冲泡后应先观色，后闻香、尝味、察形。当茶水饮去三分之二时就应续水，如果等到茶水全部饮尽再续水，茶汤就会变得淡而无味。

五、现代茶道种种

（一）北京的茶道

北京人爱饮花茶，北京盖碗茶以花茶也就是北京香片为主要用茶。

北京茶道为了使来宾能品饮到自己喜爱的花茶，会特备四种不同的花茶供来宾选择。

北京茶道用具有：印有茶德的绢帕、挂绢帕的挂架、装有四种茶叶的茶罐、盖碗、清水罐、水勺、铜炉、铜壶和水盂。

北京茶道程式如下：

1. 恭迎嘉宾

茶博士致词说："中国是文明古国，是礼仪之邦，又是茶的原产地和茶文化的发祥地。茶陪伴中华民族走过了五千多年的历程。一杯春露暂留客，两腋清风几欲仙。客来敬茶是中华民族的优良传统。今天，我们用北京盖碗茶为大家敬上一式东方名茶，祝愿大家度过一段美好的时光。"

2. 敬宣茶德

茶博士说："中国茶文化集哲学、历史、文学、艺术于一体，是东方艺术宝库中的奇葩。北京茶道可归纳为四项内容：

廉——廉俭育德。茶可以益智明思，促使人们修身养性、冷静从事。所以，茶

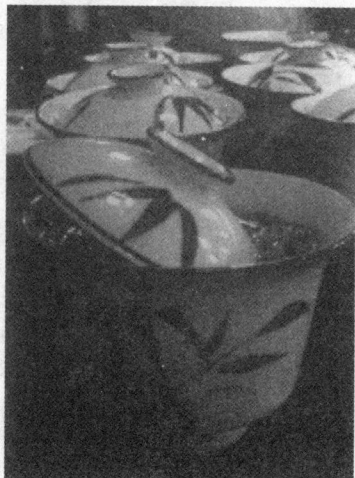

北京盖碗茶

历来是清廉、勤政、俭约、奋进的象征。

美——美真康乐。饮茶给人们带来味美、汤美、形美、具美、情美、境美，是物质与精神的极大享受。

和——和睦相处。同饮香茗，共话友谊，能使人在和煦的阳光下共享亲情。

敬——敬爱为人。客来敬茶的风俗造就了炎黄子孙尊老爱幼、热爱和平的民族性格。"

3. 精选香茗

茶博士说："中国茶按发酵程度可分为不发酵、半发酵茶和全发酵茶。北方人喜爱的花茶属于绿茶的再加工茶，又称香片。窨制香片常用茉莉花、兰花、代代花、桂花等。窨制花茶要在三伏天进行，因为三伏天的茉

茉莉花茶是窨花茶中之名品

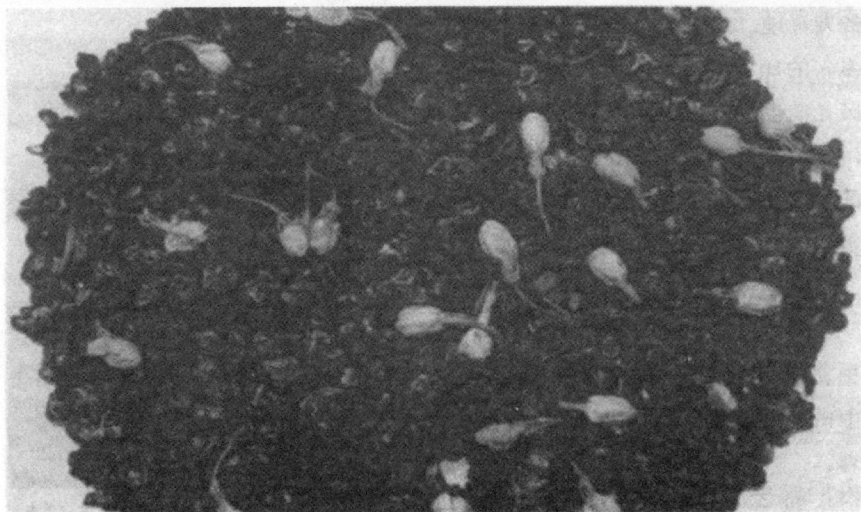

莉花香气最浓。今天，我们准备了茉莉毛峰、茉莉珍螺、茉莉春毫、牡丹绣球四样香片供来宾选用。"

4. 理火烹泉

5. 鉴赏甘霖

茶博士说："好茶要用好水泡，这是爱茶人的古训。现实生活中，用泉水、纯净水等泡茶，效果也较好。古都北京有不少名泉，如延庆的珍珠泉、卧佛寺的水源头、八大处的龙泉等。今天，我们为来宾汲取了大觉寺的龙潭泉水，这种水硬度只有 3 度，碳酸钙含量低。用这种软水泡茶，可使茶中的有效成分充分浸出，茶汤明亮

精美的陶瓷茶具

透彻，滋味鲜活干爽。"

6. 摆盏备具

茶博士说："自西周起，茶具就从食器中分离出来，成为我国器皿中的佼佼者。这也从侧面证明了中华民族自古以来对茶的崇敬。饮茶文化推动了中国陶瓷业的发展，精美的陶瓷具又升华了中国的饮茶文化。陶瓷器和茶成为代表美丽东方的一对孪生姐妹，享誉全球。选用茶具要因茶而异，沏泡花茶要用盖碗。加盖有利于保持香气和清洁；茶碗呈喇叭形，可使饮茶人清楚地看到茶叶在碗中的形态；碗底浅可使饮茶人及时品尝到碗根处的浓酽茶汤；碗托可以护手，又可保

好茶要配好茶具

温，更显示出古都茶文化的考究与尊严。盖、碗、托三位一体，象征天、地、人不可分离。"

7. 流云拂月

茶博士说："有了好茶好水好茶具，还要讲究冲泡技艺。温盏是泡茶的重要步骤，可以给碗升温，有利于茶汁的迅速浸出。"

8. 执权投茶

茶博士说："北京盖碗茶讲究香醇浓酽，每碗可放干茶叶3克。投茶时，可遵照五行学说，按木、火、土、金、水五个方位一一投入，这样做不违背茶的圣洁物

精美茶具

性，还可以祈求给人类带来更多的幸福。"

9. 云龙泻瀑

茶博士说："泡茶的水温因茶而异，冲泡花茶要用沸水。先注水少许，温润茶芽，然后再悬壶高冲，使茶叶在杯中上下翻腾，加速其溶解，一般注水七成为宜。"

10. 初奉香茗

茶博士说："千里不同风，百里不同俗。中国是一个多民族的大家庭，饮茶习俗各不相同，各有千秋。江浙一带喜欢以绿茶待客；广东、福建、台湾则爱用乌龙茶、普洱茶。富有民族特点的还有蒙古的奶茶、云南的三道茶、湖南的擂茶等。今天，为来宾奉上的是茉莉珍螺茶，请品尝。"

11. 陶然沁芳

茶博士说："在饮用盖碗茶时，要用左手托住盏托，右手拿起碗盖，轻轻拂动茶汤表面，使茶汤上下均匀。待香气充分发挥后，开始闻香、观色，然后缓啜三口。三口方知味，三番才动心，之后便可随意细品了。"

右手拿起碗盖，轻轻拂动茶汤表面

12. 泉入龙潭

13. 品评江山

茶博士说："评茶的方法有眼观、鼻嗅、口尝。茶的品味各不相同，花茶以形整、色翠、香气浓酽为好。"

14. 百味凝春

茶博士说："在品饮之间佐以茶食，能更好地体会茶的韵味。今天，我们准备了茶点，雅号凝春，请来宾品尝。"

15. 重酌酽香

茶博士说："茶要趁热连饮。当客人杯中尚余三分之一左右的茶汤时，主人就应及时添注热水。"

16. 再识佳韵

茶博士说："品饮花茶以第二泡的滋

好花茶可以冲泡三开

味最好，因茶中的有效成分已基本上充分浸出，故此时茶叶香酽浓郁，回味无穷。好花茶可以冲泡三开，三开以后茶味已淡，不再续饮。"

17. 即兴诵章

茶博士说："茶能清诗思，助诗兴。几千年来，古人留下了几千首茶诗，今人的茶诗也日见增多。在此，我们共同欣赏一首著名茶诗——唐代卢仝的《七碗茶歌》：'一碗喉吻润，两碗破孤闷。三碗搜枯肠，唯有文字五千卷。四碗发清汗，平生不平事，全向毛孔散。五碗肌骨轻，六碗通仙灵。七碗吃不得也，唯觉两腋习习清风生。'"

18. 书画会赏

茶博士说："茶圣陆羽也有一首著名的茶诗《六羡歌》，抄录于今天这幅《陆羽品茗图》上。此画出自陆羽故里湖北天门志清和尚之手。也许是陆羽24岁离家后再也没有回去过的缘故吧，天门人民心中的陆羽如画中所绘——永远是年轻的。"

19. 尽杯谢茶

20. 嘉叶酬宾

茶博士说："为了向来宾表示敬意，我们特向来宾代表奉上一些茶叶，请笑

陆羽品茗雕塑

纳。"

21. 洁具收盏

22. 茶仓归一

茶博士说："道家认为万物的一生一灭都遵循着'道'的规律，中国茶人自唐代开始就提出了'茶道'的概念。古今茶人常把温盏、投茶、沥泡、品饮、收杯、洁具、复归视为一次与大自然亲近融合的历程，是茶道精神的体现。"

23. 再宣茶德

24. 致谢话别

（二）武夷山的功夫茶道

造型典雅的茶具

功夫茶道二十七道程序：

1. 恭请上座：客在上位，主人或侍茶客沏茶，或持壶斟茶待客。

2. 焚香静气：焚点檀香，造就幽静、平和的气氛。

3. 丝竹和鸣：轻播古典民乐，使品茶者进入品茶的精神境界。

4. 叶嘉酬宾：出示武夷岩茶让客人观赏。"叶嘉"即苏东坡用拟人手法称呼武夷岩茶之名，意为茶叶嘉美。

5. 活煮山泉：泡茶用山泉之水为上，用活火煮到初沸为宜。

武夷山功夫茶艺

6. 孟臣沐霖：即烫洗茶壶。孟臣是明代紫砂壶制作名家，后人将名贵茶壶称为孟臣。

7. 乌龙入宫：把乌龙茶放入紫砂壶内。

8. 悬壶高冲：把盛开水的长嘴壶高提冲水，高冲可使茶叶翻动。

9. 春风拂面：用壶盖轻轻刮去茶汤表面泡沫，使茶叶清新洁净。

10. 重洗仙颜：用开水浇淋茶壶，既可洗净壶之外表，又可提高壶温。"重洗仙颜"原为武夷山一石刻之名。

11. 若琛出浴：即烫洗茶杯。若琛为清代初年人，以善制茶杯出名，后人把名

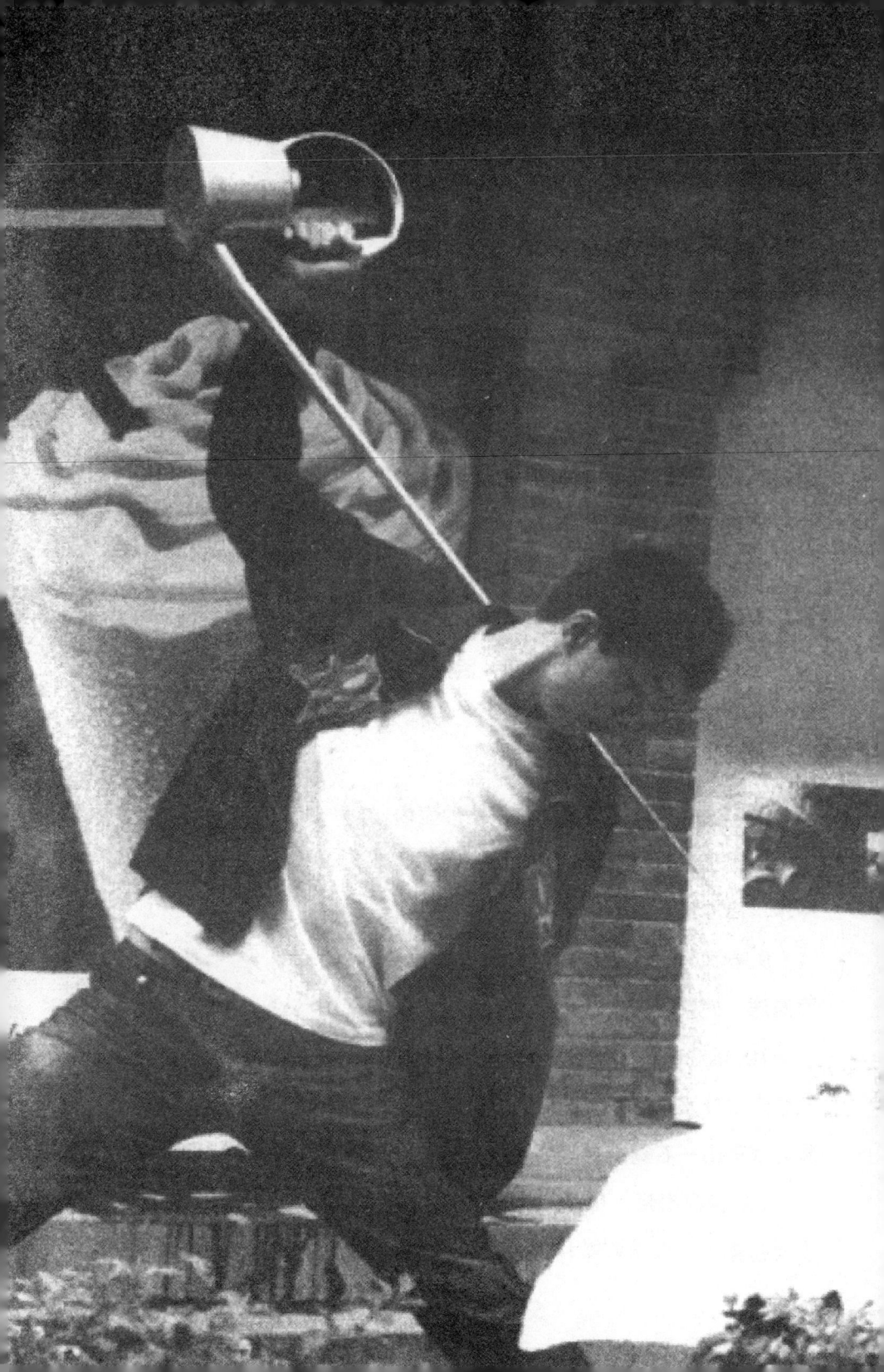

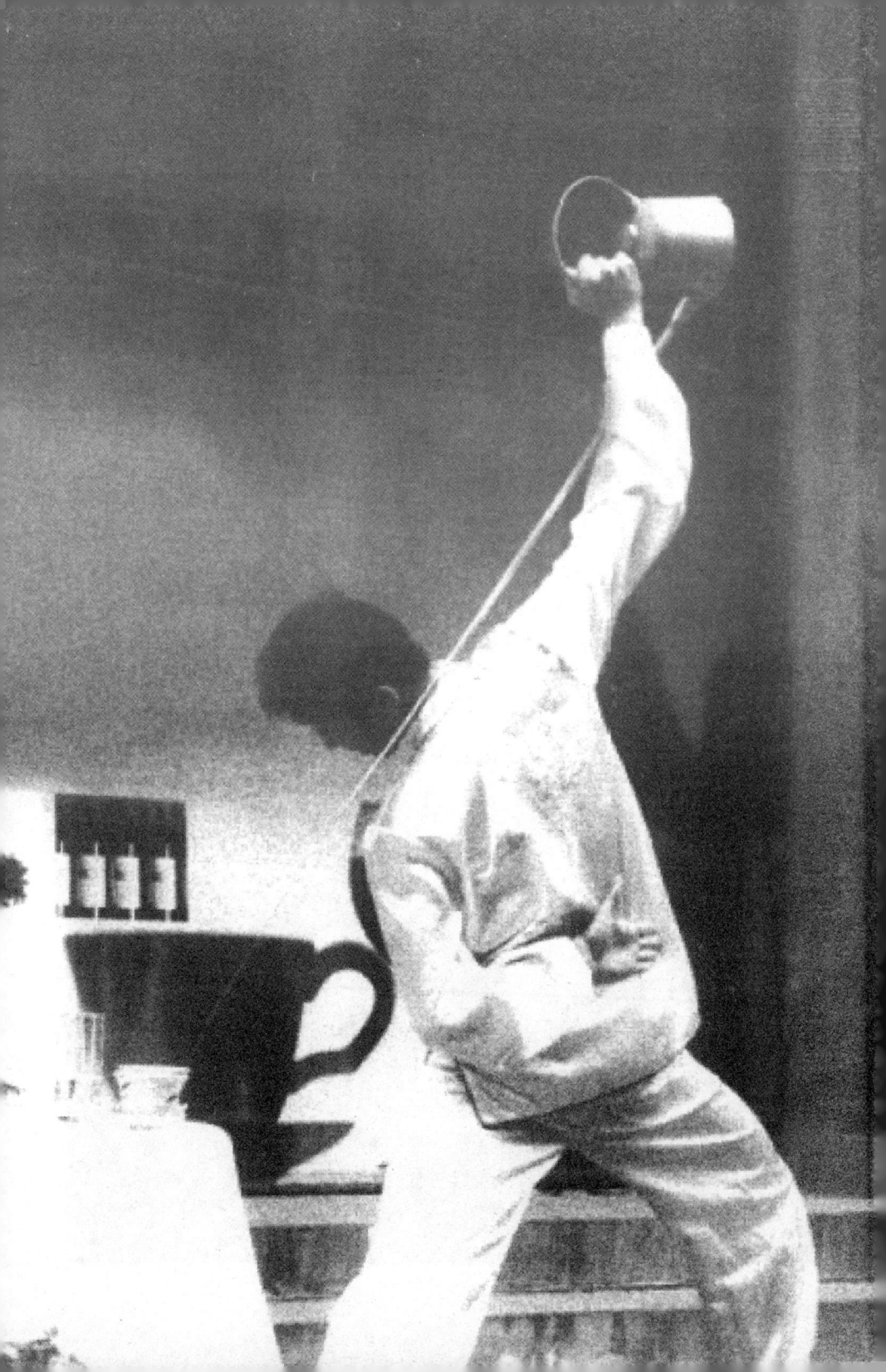

贵茶杯称为若琛。

12. 玉液回壶：把已泡出的茶水倒出，再倒回壶内，使茶水更均匀。

13. 关公巡城：依次来回向各杯斟茶。

14. 韩信点兵：壶中茶水剩下少许时，则往各杯点斟茶水。

15. 三龙护鼎：用拇指、食指扶杯，中指顶杯，此法既稳当又雅观。

16. 鉴赏三色：认真观看茶水在杯里上中下的三种颜色。

17. 喜闻幽香：嗅闻岩茶的香味。

18. 初品奇茗：观色、闻香后开始品茶。

19. 再斟兰芷：即斟第二道茶，"兰芷"泛指岩茶，源于宋代范仲淹"斗茶香兮薄兰

茶艺表演

佐茶配以茶点

芷"之句。

20. 品啜甘露：细致地品尝岩茶，"甘露"指岩茶。

21. 三斟石乳：即斟三道茶。"石乳"为元代岩茶之名。

22. 领略岩韵：慢慢地领悟岩茶的韵味。

23. 敬献茶点：奉上品茶之点心，一般以咸味为佳，因其不易掩盖茶味。

24. 自斟慢饮：听任客人自斟自饮，尝用茶点，进一步领略情趣。

25. 欣赏歌舞：茶歌舞大多取材于武夷茶民的活动。如果是三五朋友品茶时，可以吟

茶山

诗唱和。

26.游龙戏水：选一根条索紧致的干茶放入杯中，斟满茶水，恍若乌龙戏水，观之自然成趣。

27.尽杯谢茶：起身喝尽杯中之茶，感谢山人栽树制茗的恩典。

功夫茶所用的茶叶只限于半发酵的福建岩茶、溪茶和潮汕凤凰山的水仙等，均为青茶类。中国的其他茶类如红茶、绿茶、砖茶、花茶、白茶等是不适合的，用功夫茶的冲法，这些茶往往苦涩，不堪入口，只有半发酵的青茶才行。

功夫茶最好用福建的乌龙茶，即闽北武夷山的岩茶和闽南的溪茶。岩茶为闽北所产，铁观音主要产于闽南安溪，故又称溪茶。

潮汕的凤凰山也产茶叶，属半发酵的青茶，也是功夫茶用茶，其名茶有水仙，俗称鸟嘴茶。凤凰山茶也是我国的名茶之一，其茶粒较大，茶色黄褐，香气清馥，滋味浓醇。

台湾乌龙茶有文山包种茶、冻顶乌龙茶、木栅铁观音、白毫乌龙茶及高山乌龙茶等。

武夷山御茶园

杭州茶园

（三）瑜伽茶道

"瑜伽茶道"是依据中国传统茶道，参照中国禅宗茶道、台湾无我茶道，结合瑜伽的理念与精神编创而成的，已经得到国际瑜伽协会的认证，并获得国家知识产权的保护，正在全球推广。

1. 用具

（1）茶具若干套，套数等于茶会所有人数除以六，如二十四人则四套，如二十八人

杭州茶园

可备五套。每套茶具中包括茶池、茶壶、公道杯、茶盏八只、闻香杯八只、滤网（含滤网架）、茶匙、奉茶盘一只（可放八只茶盏）、茶帕。另外，要各配煮水器具一组或小巧暖水瓶一只。

（2）茶席若干，与茶具数量相同，高度以主泡者席地而坐时的适宜高度为准。

（3）茶托若干，长方形，木、竹、陶制均可，大小以摆放两个茶杯为宜，数量

现代茶道种种
089

普洱茶

与与会人数相等。

（4）其他用具有瑜伽垫，数量和与会人数相同，条件不具备者，此项可免；有软垫，为高两寸、边长四五十公分的方形软垫，数量和与会人数相同；悠扬清雅的瑜伽音乐或茶乐播放设备。

2. 茶类不限，以绿茶为佳，以铁观音为最佳，以云南普洱茶为瑜伽特色茶。

3. 场地与布局

（1）场地可以在瑜伽会堂（馆）内或茶室内，也可以在室外环境优雅之处。

（2）场地布局分茶席、客位两部分：茶席在前端，将茶席一字排列；客席在主席对面，以中线分左右两边，中间留出宽两米左右的通道；左右客席各以瑜伽垫横向连接一字排列，如人数众多，可增加行数。瑜伽垫中央放置软垫。

（3）客席人员在瑜伽垫中央软垫就座，左右人员相对。

（4）每个客席人员面前紧靠瑜伽垫边沿放置茶托一只。

（5）每个座位有明显的数字编号标志。

4. 规则

（1）与会人员分瑜伽习练者（会员）与特约客人两类，前者须身着瑜伽宽松大方之练功服。

（2）人员分瑜伽会员与特约客人两组，客人在先、瑜伽会员在后，按入场先后依序入座，不分男女老少，也不分身份地位，一律平等按序入座。

（3）茶席主泡由在场瑜伽会员中产生，按座位号顺序依次上场。

（4）主持人一名，立于茶席中间。

5. 流程与技法

（1）主持人介绍与会嘉宾与茶会规则。

（2）播放瑜伽音乐，会员集体随音乐做瑜伽体位（初级）拜日一至三遍，主泡则备水泡茶。

瑜珈茶

晶莹剔透的茶具

（3）每个茶席各泡茶一壶，分别斟于八个香杯中，并分别以茶盏盖之（茶盏在上、香杯在下），一杯自留，其余放置奉茶盘内。

（4）茶席人员同步，双手捧托盘到茶席前排成一行，同时完成如下程序：

①增延脊柱伸展（前屈）式：双脚并立，仿前屈式将奉茶盘放置脚前方；

②致礼：起身直立、双手合于胸前，躬身向客席所有人员行礼；

③专注（树式）：直身，双手自胸前向左右平展，同时掌心向上结智慧印，双腿仿

树式，眼光聚焦，专注于正前方一点，双手自两侧向上在头顶变智慧印为合掌，保持数秒；

④供天（新月式）：双脚并立，双手回到胸前，弯腰再仿前屈式，双手指尖触地，同时一只脚后撤，仿新月（奔马）式；然后双手取一杯茶，一边上下翻转（香杯在上、茶盏在下），一边平端至胸前，头颈后仰，双手端杯垂直向上，保持五秒左右；

⑤敬地（前屈式）：保持奔马式，双手端杯向前向下，上身随之前倾，放杯于地，双手分开掌心朝前，结智慧印，中指触地，保持五秒；

紫砂壶

泡茶时茶量要适中

⑥**奉人**：收脚并立，双手端茶，起身直立，将茶端至胸前，再向前平伸划半圆示众。（主持人端茶盘前来将所有茶杯接走，置于台前适当位置）。

⑦**奉客（行茶）**：弯腰双手平端奉茶盘与胸平，直身静立片刻，开始行茶。行茶规则：主泡分别从两侧客席左右两头按序奉茶，不可乱序或缺漏；行茶时心里不要有任何杂念，只一心关照茶盘，调匀呼吸和步伐，慢步而行；行步时，双脚平行，脚步平起平移平落，每一步都要轻快而平实，充满尊贵祥和与平静。如此缓走到客席面前，缓缓止身，并足

弯腰（仿前屈式），将奉茶盘摆在客席托盘前，端起其中一杯置于客席前托盘上，并将双手掌心向上结智慧印，示意客人请茶，客人以合掌回敬。奉茶后端起茶盘缓缓起身，直立，转向，再依次走向其他客席，如前奉茶。

⑧回席品茗：奉茶完毕，以上述同样行茶步法回到茶席，与客人同品第一杯茶。第一杯茶品茗规则：首先提取闻香杯，嗅香并辅以瑜伽深呼吸（完全呼吸）一至三次，然后端茶品之。

（5）第二杯茶：主持人宣布第二杯茶开始，并宣布轮换客席号，请该号人员带上自己的茶盏（闻香杯留下）走向茶席；茶席人员也带上茶盏迎上前，双方互行躬身礼，互换席位。

第二杯茶直接用公道杯，以茶盘垫上茶帕，端公道杯行茶，行茶、奉茶规则同上。

（6）第三杯茶及后续茶：流程及规则同"第二杯茶"，至最后一人奉茶完毕止。

（7）默坐观想 10~15 分钟，用瑜伽冥想音乐配合。

茶具摆放

玻璃壶冲泡竹叶青

（8）谢茶：主持人引导客人双手合掌，齐声念诵"噢吽——"，反复三次而止。

（9）茶会结束。

6. 注意事项：

（1）客席人员除接茶、品茶之外，均宜放松默坐，感受场内的温馨与宁静。

（2）茶会规则纯熟后，便无须主持人，一切均以默契及音乐引导进行。

（3）茶会结束后，若众人意犹未尽，可辅以座谈交流，或加做集体体位（拜日），或进行瑜伽技艺表演，互相切磋。

（4）以上流程为通用约定，根据参与人数、身份之不同，可在上述流程基础上加以变通。

（四）大众茶道

大众茶道讲究理趣并存，讲究形神兼备。其程序分为：备茶、赏茶、置茶、冲泡、奉茶、品茶、续水、收具。

1. 备茶

以茶待客要选用好茶。所谓好茶，一方面是指茶叶的品质，应选上等的好茶待客。运用茶艺师所掌握的茶叶审评知识，通过人的视觉、嗅觉、味觉和触觉来审评茶的外形、

色泽、香气、滋味、汤色和叶底，判断、选择品质最优的茶叶献给客人。另一方面，择茶要根据客人的喜好来选择茶叶的品种，同时也要根据客人口味的浓淡来调整茶汤的浓度。一般待客时可通过事先了解或当场询问来了解对方的喜好。同时，作为茶艺师也要根据客人情况的不同有选择地推荐茶叶。如女士可选择有减肥、美容功能的乌龙茶，男士可推荐降血脂效果显著的普洱茶。同时，为了顺应四季的变化，增加饮茶的情趣，也可根据季节选择茶叶，如春季饮花茶，万物复苏，花茶香气浓郁，充满春天的气息。夏天饮绿茶，消暑止渴，

普洱茶

同时，绿茶以新为贵，也应及早饮用。秋季饮乌龙茶，乌龙茶不寒不温，介于红茶和绿茶之间，香气迷人，有助于消化。冲泡过程充满情趣，而且耐泡。在丰收的季节里，适于家庭团圆时饮用。冬季饮红茶，红茶味甘性温，能驱寒气，可增加营养，有暖胃的功能。同时，红茶可调饮，充满浪漫气息。

茶艺师择茶后，要将茶叶产地、品质特色、名茶文化及冲泡要点介绍给客人，以便客人更好地赏茶、品茶，在得到物质享受的同时也能得到精神上的熏陶。

2. 置茶

在杯中放置茶叶有三种方法：一般先放

茶叶，后冲入沸水，此为下投法；沸水冲入杯中约三分之一时再放入茶叶，浸泡一定时间后再冲满水，此为中投法；在杯中冲满沸水后再放茶叶，此为上投法。茶叶种类不同，因其外形、质地、比重、品质及成分浸出率不同，应有不同的投茶法。对身骨重，条索紧，芽叶嫩，香味高，并对茶汤的香气和茶汤色泽均有要求的各类名茶，可采用上投法；茶叶的条索松，比重轻，不易沉入茶汤中的茶叶，宜用下投法或中投法。随着季节的不同，可以秋季中投，夏季上投，冬季下投。

古韵茶楼

3. 润茶

沏泡前最好先润茶，一为提高茶叶温度，使其接近沏茶的水温而提高茶汤的质量；二有利于鉴赏茶叶香气，有利于鉴别茶叶品质之优劣。方法是将茶壶或茶杯温热并放入茶叶后，即用温度适宜的沏茶水按逆时针旋转方式倒水注入壶或杯中，一俟茶叶湿透后即要停注，随即将盖盖上，将壶杯中的茶水立即倒掉，这时壶或杯中的茶叶已吸收了热量与水分，使原来的干茶变成了含苞待放的湿茶，品茶者就可以欣赏茶叶的汤前香了。此即沏茶方法中的温润泡法。温润泡法较适宜于焙火稍重的茶或陈茶、老茶，如果是焙火轻、香气重的茶叶，则沏泡时动作要快，以

杭州茶园

保持茶叶香气能够被鉴赏到。

4. 冲泡

在泡茶过程中，身体要保持良好的姿势，头要正，肩要平，动作过程中眼神与动作要和谐自然。在泡茶过程中，要沉肩、垂肘、提腕，要用手腕的起伏带动手的动作，切忌肘部高高抬起。在冲泡过程中，左右手要尽量交替进行，不可总用一只手去完成所有动作，并且左右手尽量不要有交叉动作。冲泡时要掌握高冲低斟的原则，即冲水时可悬壶高冲，或根据泡茶的需要采用各种手法。将茶汤倒出时，一定要压低泡茶器，使茶汤尽量减少在空气中的时

品茶也是品味生活

间，以保持茶汤的温度和香气。

5. 奉茶

由于中国南北待客礼俗各不相同，因此可以不拘一格。常用的奉茶方法是在客人左边用左手端茶奉上，而客人则用右手伸掌姿势答礼；或从客人正面双手奉上，用手势表示请用，客人同样用手势答礼，宾主都用右手伸掌作请的姿势。奉茶时要注意先后顺序，先长后幼，先客后主。斟茶时不宜太满，"茶满欺客，酒满心实"是中国风俗，必须切记。俗话说："茶倒七分满，留下三分是情分。"这既表明了宾主之间的良好感情，也是出于安全的考虑。七分满的茶杯非常好端，不易烫手。在奉有柄的茶杯时，一定要注意杯柄的方向是客人的顺手方向，利于客人用右手拿茶杯的柄。

6. 品茶

品茶包括四个内容：一审茶名，知其来源；二闻茶香，包括干茶和茶汤；三观茶汤色泽，包括干茶和茶汤；四尝滋味。茶叶的名称是茶文化的一部分，俗话说："茶叶学到老，茶名记不了。"茶叶名称有的源于产地，有的源于传说，值得品味。欣赏干茶，即在选茶后对茶加以欣赏，包括茶的产地、有关茶的传说故事、有关茶的诗词等文化内容，也包括茶的外形、色泽、香气等品质特征的鉴赏。二闻茶香，无盖茶杯可直接闻到茶汤飘逸出来的香气；如用盖杯、盖碗，则可去盖闻香。温

普洱茶砖

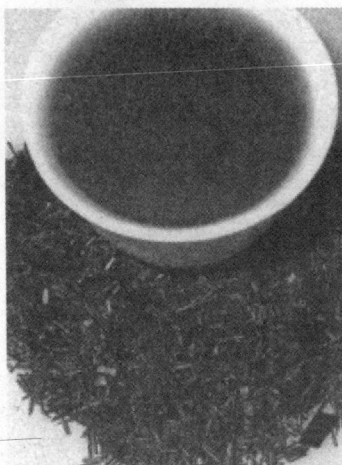
红茶

嗅主要评比香气的高低、类型、清浊；冷嗅主要看其香的持久程度。三观茶汤色泽，茶汤色泽因茶而异，即使是同一种茶类，茶汤色泽也各有特色，不尽相同。绿茶茶汤翠绿清澈；红茶茶汤红艳明亮；乌龙茶茶汤黄亮浓艳。四尝滋味，要小口喝茶，细品其味。方法是使茶汤从舌尖到舌两侧再到舌根，可辨绿茶的鲜爽、红茶的浓甘，同时也可在尝味时再体会一下茶的茶气。茶叶中鲜味物质主要是氨基酸类物质，苦味物质是咖啡碱，涩味物质是多酚类，甜味物质是可溶性糖。红茶制造过程中多酚类的氧化产物有茶黄素和茶红素，其中茶黄素是汤味刺激性和鲜爽的重要成分，茶红素是汤味中甜醇的主要因素。品茶时也要注重精神享受，不光是品尝茶的滋味。在了解有关茶的知识和文化的同时，要提高品茶者的自身修养，增进茶友之间的感情，这才是茶道。

7. 续水

茶的冲泡次数要掌握一定的度，一般茶叶在冲泡三次之后就基本上无茶汁了。根据测定，头泡茶汤含水浸出物总量的 50%；二开茶汤含水浸出物总量的 30%；三开茶汤含水浸出物总量的 10%;而四开茶汤仅为 1%—

明前龙井

顾渚山茶园

3%。因为茶叶中的微量元素往往最后才被泡出，所以茶叶经反复冲泡后，会使茶叶中的有害成分被浸出而有害人体健康，如茶叶中的微量元素镉、铬等有害因素；茶中的铜、锌含量过多，对人体也有副作用；茶中的草酸或钙含量过多，也易堆积在人体内，形成草酸钙结石等。

沏茶时，无论绿茶、红茶、乌龙茶、花茶，均采用多次冲泡法，一般以冲泡三次为宜，以充分利用茶叶中的有效成分。但沏茶次数过多，则茶汤色淡，已无营养成分，反而有害人体健康。

8. 收具

做事要有始有终，茶道的最后一项工作

就是清洗茶具，可在客人离开后进行。

收具要及时有序，清洗要干净，不能留有茶渍，并且要及时进行消毒处理。

（五）无我茶道

"无我茶道"是台湾大众茶道，受到广泛的赞誉。

无我茶道认为人类的物质越趋丰富，人心就越易浑浊；只重视知识的培养，心灵的源泉会渐渐干涸空虚。因此，为了精神上的充实，为了人与人之间的和谐平等，为了探求生活的本质，为了保留心灵反省的空间，无我茶道应运而生。

无我茶道是一种爱茶人皆可报名参加的茶会形式，不计参加者的地位、身份，

台湾茶道

不讲所用茶具的贵贱，不问所泡茶叶的优劣，人人泡茶，又人人喝茶。

无我茶道认为人与人之间的地位是平等的，人和万物都是无常的。人类的一切妄想都是毫无意义的，消灭了这些妄想就能达到清静的境界。无我茶道试图通过饮茶这种看似简单的形式，使人们步入清静的境界。

无我茶道讲究自然与和谐，茶道举办前要发一个公告，告知茶道时间与座位安排，告知新参加者应注意的事项。对每位参加者来说没有主次、贵贱之分，座位靠抽签决定。自己泡的茶分给左边的人，而自己喝的茶是右边送来的，人与人之间不论是熟悉还是陌生，不论性别是男还是女，不论年龄是长还是幼，不论地位是高还是低，不问姓名，不问尊卑。

每个人带的都是自己最喜爱的茶具和最好的茶叶。无我茶道使用的茶具比起茶馆或家庭泡茶时用的要简单，主要是一只壶和四只杯子。泡茶的水要装在保温瓶中，需要自备。另外，还要准备一块茶巾和一个茶盘，茶叶可装在小罐中，也可放在壶中，只要够冲泡一壶的量即可。

印花茶巾

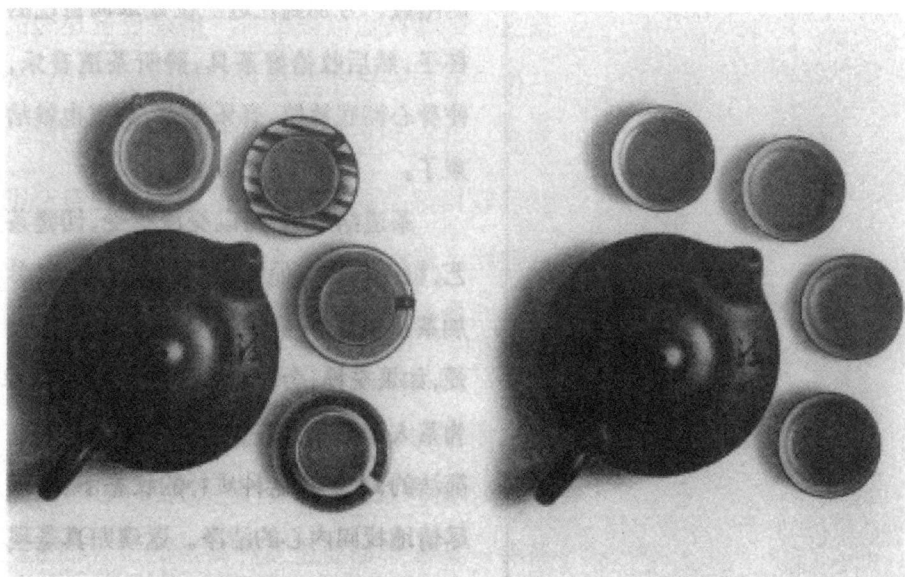

台湾茶道的茶具比较简单，一壶四杯

无我茶道的程序：

每个人按号码找到自己的位置后，或坐、或跪，将茶具摆在自己面前。在茶道进行期间，没有指挥，也无人说话，每个人都在精心地冲泡自己壶中的茶。泡茶的速度大致有个约定，因此泡茶的时间也大体相同。一壶茶泡好后，分别斟在四个杯子里，一杯留给自己，其余三杯置于茶盘中，起身向自己左边的三位茶友分别奉茶。同时，自己右边的三位茶友，也会将他们泡好的茶分别送给你。待三杯茶都送齐后，可以自品自饮。这样，每一个人都能品尝到除自己泡的茶外的三杯不同的茶。第二泡时也是如此，只是这次奉茶是将茶注入茶盅，端着茶盅前去奉茶，仍是自己左边的三位，最后一盅留给自己。如此奉完约定的泡数，分别到左边三位处取回自己的杯子，然后收拾好茶具，静听茶道音乐，使身心彻底放松。音乐结束，茶道也就结束了。

茶道结束后，可以交流感受，切磋茶艺，但不鼓励与他人互换茶具。因为，参加茶道的人所带的茶具都是自己的最爱，如果交换，会让彼此为难，夺人所爱，为茶人所不取。茶会一切安排都要是质朴简洁的，人们在这种质朴的状态下，可以尽情地找回内心的洁净。返璞归真正是现代人所缺乏而又渴望的，无我茶道恰恰为人们提供了一个可以返璞归真的环境和氛围。

总之，无我茶道所展现的不单是自我寻

质朴简洁的茶具

求返璞归真的内心需求，更是一个茶人所孜孜以求的"和"与"敬"的境界。人们可以共享人与人之间的和谐与尊敬，共享人类的朴素亲情及天地间的永恒乐趣。这是"人人为我、我为人人"之道，可以广结善缘，认识更多的朋友。

无我茶道展现了寻求返璞归真的内心需求，是一种和谐境界

（六）禅宗茶道

中国茶道自创始之日起，便与佛教有着千丝万缕的联系。禅宗茶道的每道程序都源自佛典，启迪佛性，昭示佛理。禅宗茶道最适于修身养性，强身健体。禅宗茶道共有十八道程序，能让人放下世俗烦恼抛却名利之心，以平和虚静领略人生真谛。

别致的茶具

1. 用具

炭炉一、陶制水壶一、兔毫盏若干、茶洗一、泡壶一、香炉一、香三支、木鱼一、磬一、茶道用具一套、茶巾一、佛教音乐磁带或光盘、音响一套、铁观音 10~15 克。

2. 基本程序

（1）礼佛：焚香合掌

同时播放《赞佛曲》《心经》《戒定真香》《三皈依》等梵乐或梵唱，让优雅、庄严、平和的佛界音乐像一只温柔的手把人心引到虚无缥缈的境界，使人们的烦躁不宁之心平静下来。

（2）调息：达摩面壁

达摩面壁是指禅宗初祖菩提达摩在嵩山少林寺面壁坐禅的故事。面壁时助手可伴随佛乐有节奏地敲打木鱼和磬，进一步营造祥和肃穆的气氛。主泡者应指导客人随着佛教音乐静坐调息。静坐的姿势以佛门七支坐法为最好。所谓七支坐法，是指在静坐时肢体应注意七个要点：

其一，双足跏趺，也称双盘足，如果不能双盘也可单盘。左足放在右足上面，叫作如意坐。右足放在左足上面，叫做金刚坐。开始习坐时，有的人如果连单盘也做不了时，可以把双腿交叉架住即可。

其二，脊梁笔直竖起，使背脊的每个骨节都如算盘珠子叠在一起一样，肌肉要放松。

其三，左右两手平放在丹田下面，两手手心向上，把右手背平放在左手心上面，两个大拇指轻轻相抵，这叫"结手印"也叫"三昧印"或"定印"。

其四，两肩稍微张开，平整适度，不可沉肩弯背。

其五，头要正，后脑稍微向后收放，前额内收而不低头。

其六，双目似闭还开，视若无睹，目

徐渭《达摩面壁图》

听潮

光可定在座前七八尺处。

其七，舌头轻抵上腭，面部微带笑容，全身神经与肌肉都要自然放松。

在佛教音乐中保持这种静坐的姿势10~15分钟。

静坐时应配有坐垫，厚约两三寸。如果配有椅子，也可正襟危坐。

（3）煮水：丹霞烧佛

在调息静坐时，一名助手开始生火烧水，称为"丹霞烧佛"。

"丹霞烧佛"典故出于《祖堂集》卷四。据载，丹霞天然禅师于惠林寺遇到天寒，就把佛像劈了烧火取暖。寺中主人讥讽他，禅师说："我焚佛像是在寻求舍利子。"主人说："这是木头的，哪有什么舍利子？"禅师说："既然是这样，我烧的是木头，为什么还责怪我呢？"寺主人听了，无言以对。"丹霞烧佛"时要注意观察火相，从燃烧的火焰中去感悟人生的短促及生命的辉煌。

（4）候汤：法海听潮

佛教认为"一粒粟中藏世界，半升铛内煮山川"，小中可以见大，候汤时从水的初沸、鼎沸声中，我们仿佛听到了佛法大海的涌潮声而有所感悟。

（5）洗杯：法轮常转

"法轮常转"典故出于《五灯会元》卷二十，说释迦牟尼于鹿野苑中初成正觉，转四谛法轮，为最初悟道。法轮喻指佛法，而佛法就在日常平凡的生活琐事之中。洗杯时眼前转的是杯子，心中动的是佛法。洗杯的目的是使茶杯洁净无尘，学习佛法的目的是使心中洁净无尘。在转动杯子洗杯时，可随杯子转动而心动悟道。

（6）烫壶：香汤浴佛

佛教最大的节日有两个，一是四月初八的佛诞日，二是七月十五的自恣日，这两天都叫"佛欢喜日"。在佛诞日举行"浴佛法会"，僧侣及信徒们要用香汤沐浴释

转动杯子，心动悟道

迦牟尼佛像。我们用开水烫洗茶壶称之为"香汤浴佛"，表示佛无处不在。

（7）赏茶：佛祖拈花

"佛祖拈花微笑"典故出于《五灯会元》卷一。据载：世尊在灵山会上拈花示众，众皆默然，唯迦叶尊者破颜微笑。世尊说："吾有正法眼藏，涅槃妙心，实相无相，微妙法门，不立文字，教外别传，付嘱摩柯迦叶。"世尊即释迦牟尼。我们借助"佛祖拈花"这道程序向客人展示茶叶，也暗喻客人像摩柯迦叶一样，个个都是聪明的悟道之人。

（8）投茶：菩萨入狱

地藏王是佛教四大菩萨之一。据佛典记载：为了救度众生，救度鬼魂，地藏王菩萨说：

佛祖拈花微笑

"我不下地狱，谁下地狱？"又说："地狱中只要还有一个鬼，我永不成佛。"投茶入壶，如菩萨入狱，赴汤蹈火，泡出的茶水可提振万民精神，如菩萨救度众生。在这里茶性与佛理是相通的。

（9）冲水：漫天法雨

佛法无边，润泽众生，泡茶冲水如漫天法雨降下，使人如"醍醐灌顶"，由迷达悟。壶中升起的热气如慈云氤氲，使人如沐春风，心萌善念。

（10）洗茶：万流归宗

五台山著名的金阁寺有一副对联：

一尘不染清净地，

万善同归般若门。

茶本洁净，仍然要洗，追求的是一尘不染。佛教传到中国后，各门各派追求的都是大悟大彻，"万流归宗"归的都是般若之门。般若是梵语音译词，即无量智慧，具有此智慧便可成佛。

（11）泡茶：涵盖乾坤

"涵盖乾坤"典故出于《五灯会元》卷十八，惠泉禅师说昔日云门有三句，谓涵盖乾坤句，截断众流句，随波逐浪句。这三句是云门宗的三要义，涵盖乾坤意谓

地藏王菩萨

佛性处处存在，包容一切，万事万物无不是佛法，在小小的茶壶中也蕴藏着博大精深的佛理和禅机。

（12）分茶：偃溪水声

"偃溪水声"典故出于《景德传灯录》卷十八。据载，有人问师备禅师："学人初入禅林，请大师指点门径。"师备禅师说："你听到偃溪流水声了吗？"来人答道："听到了。"师备告诉他说："这就是你悟道的入门途径。"禅宗茶道讲究壶中尽是三千功德水，分茶细听偃溪流水声。斟茶之声正如偃溪水声，可以启人心智，警醒心性，助人悟道。

（13）敬茶：普度众生

禅宗六祖慧能说："佛法在世间，不离世间觉，离世求菩提，恰似觅兔角。"菩萨是梵语的略称，全称应为菩提萨埵。菩提是觉悟，萨埵是有情。菩萨是上求大悟大觉——成佛；下求有情——普度众生。敬茶意在以茶为媒体，使客人从茶的苦涩中品出人生百味，达到大彻大悟，得到大智大慧，故称之为"普度众生"。

（14）闻香：五气朝元

五气朝元指做深呼吸，尽量多吸入茶的香气，并使茶香直达颅门，反复数次，有益

壶中尽是三千功德水

于健康。

（15）观色：曹溪观水

曹溪是地名，在今广东曲江县双峰山下。唐高宗仪凤二年（公元677年），六祖慧能曾任曹溪宝林寺住持，此后曹溪被历代禅者视为禅宗祖庭。曹溪水喻指禅法。《密庵语录》载："凭听一滴曹溪水，散作皇都内苑春。"观赏茶汤色泽称之为"曹溪观水"，暗喻要从深层次去看世界。

（16）品茶：随波逐浪

"随波逐浪"典故出于《五灯会元》卷十五，是"云门三句"中的第三句，为云门宗接引学人的一个原则，即随缘接物，随波逐浪。品茶也要随缘接物，自由自在

茶道是祖先留给我们的宝贵遗产和精神财富，我们应精心呵护

地去体悟茶中百味，对苦涩不厌憎，对甘爽不偏爱。只有这样，品茶才能心性闲适，豁达洒脱，才能从茶水中品悟出禅机佛理。

（17）回味：圆通妙觉

圆通妙觉即大彻大悟。品茶后，对前边的十六道程序再细细回味，便会有"有感即通，千杯茶映千杯月；圆通妙觉，万里云托万里天"之感，心变得开阔了。乾隆皇帝登上五台山菩萨顶时，曾写道："性相真如华海水，圆通妙觉法轮铃。"这是他登山的体会，我们稍做改动："性相真如杯中水，圆通妙觉烹茶声。"这是品茶的绝妙感受。佛法佛理就在日常最平凡的生活琐事之中，佛性就在我们自身心里。

（18）谢茶：再吃茶去

饮罢茶要谢茶，谢茶是为了相约再品茶。茶要常饮，禅要常参，性要常养，身要常修。中国佛教协会会长赵朴初先生曾说："七碗受至味，一壶得真趣。空持百千偈，不如吃茶去！"

综上所述，茶是大自然赐给人类的丰盛礼物，茶道是祖先留给我们的宝贵遗产和精神财富，让我们虔诚地继承它，精心地呵护它！